The Book of Dried Flowers

唯美干燥花

KRISTEN◎著

中原农民出版社

·郑州·

探究·美

植物开花是为繁衍下一代，

而努力争妍绽放吸引目光，

是大部分植物最为动人的时刻；

结实则是另一篇美妙的乐章。

果实的样貌与姿态千变万化，

有时候比花颜更为丰富。

不仅仅是花与果，

每一片叶，甚至每一株茎，

静心端详总可以发现其独特的美。

花草风干后可能干缩、褪色或卷曲，

颜色与形体上的变化有时和原貌相差甚大，

但深沉有韵，带着时间酝酿的独特美感。

因为是天然花草，

干燥后仍会随着时间流转而持续变化，

但这些变化并非只有衰败，

有些会展现不同味道，甚至还能带给人惊喜。

前年冬天悬挂的扁柏与尤加利叶，
竟然呈现了古铜红色泽，岁月风韵更甚。
而被不小心搁置了两年多的"四季迷"，
果实由原先的紫红，转为带着浅黄的粉褐，
叶面与叶背则为深浅不同的橄榄色系，
整株散逸着极为柔美舒服的大地色调。
美一直都在，越往下挖掘越能深刻体验，
越探究，越深觉干燥花世界之无穷，
让人深深着迷。

这本书，
是这一年多来的沉淀、探寻与集结，
以更丰富多元的素材及回忆中的吉光片羽，
创作出更多流露自然风格的干燥花作品，
希望能与你分享。

Kristen

目 录

Chapter 3
手作实例

Chapter 4
基础技法

执着地恋着秋。

只因丰熟的果实，

样貌、姿态与色彩，

每一个，都如此独一无二。

深深浅浅的粉，
是虎杖为时序装点的秋色。
取数小枝高高悬挂，
好让人静心端详这季节更替的美。

细碎的、绵长的，还有的似卷似曲；

有轻灵的飘逸，亦有流动的柔美。

同样是叶，造型与性格却迥异纷呈……

原来，叶的世界也如此精彩迷人。

枝梢上马柏饱满丰实，
同染了白的小松果，轻轻悬着。
这点点洁白，犹如落雪，
让空气也似乎凝着一股冷冽的气息。

一株无名树立在工作室的一侧，攀附的地衣与其一同静止了生息。

点一盏灯，让微弱的光残轻洒；

树影舞在暖墙上，传送着优雅、静谧与美好。

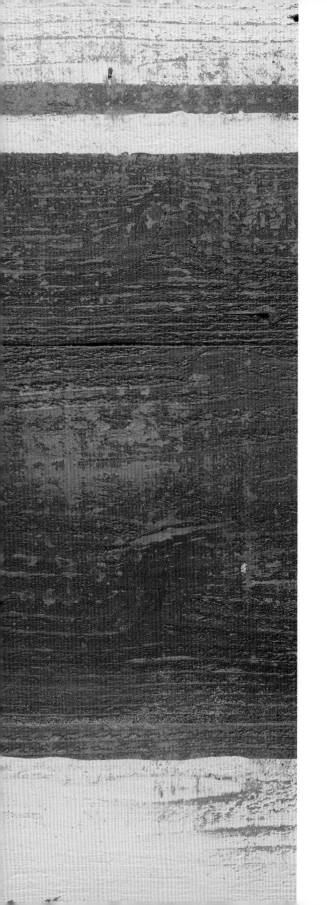

Chapter 1

作品赏析

北国之冬

这是系列作品之一。
一组是在盛秋的林间，
松鼠们在果实满满的落叶堆中，
嬉戏吃食，热闹欢愉。

另一组就是这幅北国之冬。
降雪的冬季，林间一片净白，
松鼠们窝在以树叶搭起的小窝里，
互相取暖，吃着宝贵的存粮，
温馨而美好。

秋冬拾野

相较于春夏，
我喜欢秋冬多一些。

喜欢在这样的季节走入林间，
探探枝头密生的野果，
寻找落叶之下的生机。
而迷人的不止橡实，
那纷呈的黄橙与红褐落叶堆中，
断木上野蕈朵朵绽放，
倒在路旁的九芎分枝，
乍看满地枯褐，
其实是荚果累累。
而遍地蔓生的白芒，
摇曳着荒野之美，
以拾来的素材
诉说这迷人的季节，
邀请所有人一起走进自然。

冬季花礼

这组冬季花礼，

是在充满喜气的新年期间设计的。

想呈现的是一种属于冷冬季节，

低调的欢愉。

在蓝紫带绿的古典蓝绣球铺陈下，

紫红、酒红、褐黑……再添一点银白，

色彩便有了！

卷曲的长荚拉出了节庆的序曲，

似小小摩天轮的磨盘草转动着欢欣的气氛；

而小圆木片上则一凿一斧打印着点点心意，

献给你们。

松鼠
游乐园

创作是件极有意思的事情。
因为不知道灵感会带自己走向何方，
在哪里停仁，又在哪里着根。

工作室的材料堆中，
翻出了这个捡拾回来的旧木框，
转身发现手边还有些枝条尚柔软的藤蔓。
于是铺了青苔，让藤枝恣意舞着。
接着撒落一地的秋果冬实，
这偌大的旧木框摇身一变，
成了松鼠们的游乐园。

干燥花
吊饰

拼凑了浓淡深浅的绿，

抹一笔草黄、一点嫣红，

补几处的皓白，

自高处垂悬而下。

因为思索的片刻，

需要有个抬头便可欣赏的风景。

抑或是添一盏灯时，

有能让光影嬉戏的神秘之地。

但其实这些都不是理由，

我仅仅只是迷恋着

那垂挂之下绿影摇曳的美。

蕨色森林
烛台花环

每一株蕨，

都藏着时光的秘密。

而每一片叶，

都在絮絮诉说它独有的美。

于是，一片一片地组在圈中，

让人们听听它们各自的故事。

细柔的毛笔花在轻风中滚动着，

垂着果实的商陆生机处处。

那可爱的山防风，

吹不出蒲公英的轻柔，

但走出了自己的优雅。

而顶着亮橘造型的红花，

为这片蕨林，

带来了更多的生气。

秋果冬实
圣诞烛台

漫步油桐花林间，
俯首捡拾一颗颗掉落的油桐子，
圆而带尖的球形握起来沉甸甸的。

初见时并没有特别的好感，
而刚落下的绿，不消几日就转为黑，
这单纯的净黑，让人一眼就爱上！

将果子们立体式的架构叠了两层，
还将雪松的身影与气味唤进来，
这充满圣诞味的果实烛台便完成了。

让人欣喜的是，油桐子它并不独美，
而是黯淡着，
将其他果实衬托得更为迷人。

2013年12月
《秋冬·拾野干燥花展》
代表作品

果实
圣诞树

一颗颗、一球球，
慢慢地堆栈，缓缓地塑形。
荫果、橡实与小松果，
齐心合力叠成了树，
将发亮的银果给推上顶。

大伙挥了汗，
才发现这一角少了点而那一块又多了点，
但小雪人说，歪歪扭扭的，
也别有一番味道呢！

拾秋
干燥花环

那是一个骑车经过的午后，
我瞥见荒地上的绿，
挺着细而饱满的长荚。

停下车，
走入绿中。
这被称作野草的田菁，
其果实竟然有着如此迷人的线条。

啊，大自然呀！
那一丝丝飞扬的轻盈，
在脑海中
谱成了一曲动人的乐章。

旧书灯花饰

取一本泛黄的旧小说，
将森林的气息一点一点地植入。

轻风吹拂，
停驻上头的蝴蝶，
随着起伏的书页微舞着。

入夜后，微光亮起，
今夏，宁静而美好。

初夏的
花盛宴

干燥后的洋桔梗
呈现薄纸一般的质感。
净白褪成了淡淡的鹅黄，
桃紫转成沉稳瑰丽的酒红，
游走在真实与不真实之间。

金槌花仍金黄亮灿；
展翼的青枫翅果正等待风动；
而芒萁扬着羽叶，
邀请所有人
共舞一场初夏的花盛宴。

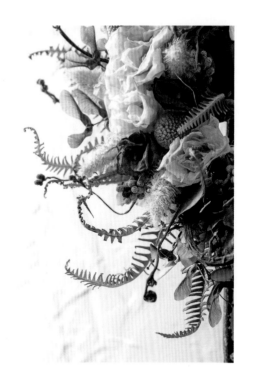

森林系
手捧花

如果，

不是粉红，

也不想轻柔，

而想与大地再贴近些，

甚至更野一点，

会是什么模样？

橘红、橙黄与雪白，

色彩分明，造型显眼，

但要的不单纯是这种醒目，

于是将那一大球的淡褐色当成了主角，

降下色度，柔化鲜明；

接着让弯藤与绿苔，

带出林间独有的原始气味。

对了！就是这个味道！

童话树屋

取了些树枝，

想执行心中早已规划的想法。

但突然间童心一起，

意外地建了个树屋，

在那小小天地里，自得其乐！

开设这门课时才发现，

原来，

人人都有颗赤子之心。

小小的秋千荡着贪吃的松鼠，

从木梯上滚落的橡实，

"扑通"一声！穿过吊床落到了小花园里。

树屋后门的木板平台，

甚至还有露天沐浴的SPA小池，

真是创意无限呀！

Chapter 2
干燥花草

有春天感的小花儿

每到三月，春风吹起的时节，赏花的兴致便盎然而生。

但相较于深受世人喜受的主流花朵，如玫瑰、牡丹……

在野地里怒放的小花，更能吸引我的注意。

那些小花儿总是成片成片地绽放，

安安静静地充当色块中的一角，

但其实走近细看，

每一朵平凡中却有着值得探寻的美。

正因为喜欢这样低调却又不张扬的个性，

对于这类特性的花草，有着特别的喜爱。

每每见到法国小菊，脑海里总是浮现出它们在微风中摇曳着的身子，

那一阵白、一阵黄，或粉或绿的，

将大地渲染得五彩缤纷的景象。

也因此，每回见到总要买上一两束，把原野风情带回家。

风干后的法国小菊，缩至不到原先尺寸的 1/4，却更显朴实自然。

蕾丝花则是另一款我也相当喜爱的配花。

张着大伞似的蕾丝花，

洁白柔和，浪漫又优雅，搭配任何花材都十分适合。

有春天感的花材

1　**蕾丝花：** 纤细精致，如蕾丝般呈伞状绽放，自然柔和，适合搭配任何一种花材。成熟后容易掉落，最好选择刚盛开的进行干燥，效果最佳。

2　**绣球：** 最受喜爱也最具代表性的干燥花材，品种相当多，大多进口，质地厚实的绿绣球比较容易干燥成功。冬末春初时，还有美丽的古典蓝绣球，也是可以干燥的品种。

3　**飞燕草：** 直立的穗状花序，花儿由下往上盛开，一朵朵轻盈优雅的姿态，像群燕飞舞而得名。有粉、蓝、紫等颜色，但以深蓝色干燥后的效果最为特别。

4　**纽扣菊：**花色丰富，但以黄、白两色干燥效果最佳，风干后尺寸缩小颇多，但显得更加迷你可爱。

5　**勿忘我：**有桃红、蓝紫、浅紫与淡黄等丰富的花色，容易干燥且色泽持久，一年四季都见得到它的踪影，是极佳的入门花款。

6　**红花：**俗称蓟花，有橘红或橙黄两色，不仅颜色醒目，造形也突出抢眼，干燥后连其叶片也极为好看。每年初春可见到少量切花，是全年皆可买到已干燥好的进口花材。

7　**马醉木：**玲珑小巧的壶形白花，倒垂枝梢簇集绽放，宛如一串串的小铃铛，真是可爱极了。风干后尺寸变得更加迷你，颜色也由白转黄，但依旧素净迷人。

8　**贝壳花：**浅绿色的杯状花萼，宛若一个个迷你喇叭，造型相当奇特，干燥后颜色转成淡雅的鹅黄色，其质感和绣球花极为相似。

9　**麦秆菊：**有橘黄与粉红两种色系，干燥后能保持原色。但盛开的花朵，花瓣会随着水分散失而呈现后翻状态，所以选择含苞的来制作较佳。

10　**金槌花：**金黄亮灿的可爱球形，干燥后不脱色，茎干亦不会垂软，不管是用于花束、花环或任何花饰上皆十分亮眼。

美丽的主花

　　大多数的主花因含水量丰富，风干效果并不好，除了颜色会转成黄褐色之外，也会萎缩得完全变形。在设计干燥花饰时，有时却需要这类的主花来使作品增色。这时候可以使用干燥剂，让干燥剂吸收花材的湿气而慢慢将其干燥完全（干燥方法参考 P111）。干燥后尺寸大多都会比原先的尺寸小许多，颜色也会稍有不同，但色彩饱满鲜亮，很多花都可用这样的方法进行干燥。

　　洋桔梗与康乃馨是我最常干燥的两款花材，效果出奇得好。洋桔梗的品种与颜色众多，干燥后的效果也不太相同，桃红色变成了高雅的紫红，紫色则转变成奢华的深蓝色……最让我情有独钟的是纯白色，干燥后呈现出淡雅迷人的鹅黄色。双色或有斑纹的康乃馨，干燥后对比更加强烈，还会呈现出美丽的渲染色，相当迷人！干燥剂像是神奇的魔术师，这一前一后，带给人不同的惊喜。

进口花材

原产于南非的阳光系列进口花，品种相当多，印加、变色、拓图、开普、木兰、皮萨、黑玫瑰、红宝石等许多品种的样貌又十分相似，常常让人分不清楚。花商虽称这些阳光系列的花材为花，其实它们都是果实。

我曾经在阳台悬挂风干一排的黑玫瑰，每隔一小段时间就听到"咚"的小响声，一开始以为是窗外的声音，后来走到阳台一看，发现满地都是钝三角形的黑色种子，才知道原来是黑玫瑰干燥后，木质化的孢子叶张开而下起了种子雨。这些阳光系列的花材，有些干燥前后的样子，差异颇大，但普遍来说，它们的保存时间都很长，很适合当作干燥花材来使用。

台湾黑玫瑰： 圆钝的球状果实长满了白色的细毛，干燥之后会一层层地张开，细毛也会变得更加雪白，不知内情的人还以为它发霉了，甚至有人觉得它的样子有些可怕。若仔细欣赏，会发现那如花开的深褐色果实，镶着发亮的茸毛白边，呈现出高贵典雅的质感，十分独特。

拓图阳光：干燥后张开会露出白色细毛的拓图，尺寸相较其他阳光系列来说，属迷你型的，模样可爱也相当好运用。不过，它的气味实在难以恭维，若是同时间干燥数把，那宛若脚臭的气味，会让人退避三舍。所幸味道会随着时间慢慢消散，不然它很有可能就会乏人问津了。

变色阳光：新鲜时是抢眼的红配黄，干燥后鲜红变成了深褐，而亮黄也褪去了鲜艳的色彩，转成淡淡的卡其色。圆钝的身形配上了大地色系，骤然间变得温吞可爱，原来变色阳光变的不只有颜色，就连个性也大不相同呀！

印加阳光：新鲜时的印加阳光，有着明亮的鲜黄色彩，宛若花瓣的细长苞片有时还会镶着一道红边，相当美丽，可惜此品种的阳光较为少见。风干后的印加阳光，虽褪去了鲜明，却换得了一身需要时间酝酿才有的韵味。

木兰：木兰干燥前圆钝，样子并不算讨喜。谁知水分散失后，木质化的孢子叶一片片展开，里头的翅果纷飞，犹如花开，呈现出更加细致的质地，还隐隐透着沉稳的含蓄之美。

具有毛茸茸质感的花材

　　带着细毛或被覆茸毛质感的花材，该是什么模样呢？大地色系的陀螺有着质朴的性格；轻柔的毛笔花让人感到舒心；淡色系的新娘花柔和浪漫；"虎眼"则是带有些调皮的味道；而袋鼠花的造型抢眼，让人印象深刻……这些毛茸茸的花材，运用在花饰作品中，呈现出不同的效果，各具特色！

阳光陀螺：同样是阳光系列的陀螺，干燥前后的样貌大不相同，很难让人将它们联想到一块。干燥前是像陀螺一样的圆锥球体，会随着水分散失而慢慢张开，露出里面毛茸茸的浅棕色细毛，相当可爱。

毛笔花：草绿色的毛笔花，是人见人爱的花材。一根根浅色细毛，一层层地往上张开。明明是静止的，却一直让人有种它悠悠摆动着的错觉，像深海里随流水缓缓漂动的海葵，轻轻柔柔的，让人觉得十分舒服。

新娘花：有白色与淡粉两色。线条优美的花形，细致柔和的花瓣，一层一层地包覆着。其质感与色系，都像极了优雅浪漫的新娘嫁衣，在国外经常被运用在婚礼布置上，是很受欢迎的捧花花材。

常胜花：花市流通名为"虎眼"。一颗颗长在细枝上、布满茸毛的小球，是常胜花的果实。市售进口的皆为经过染色处理的，有黄、橙、紫、红、蓝等各种鲜艳的颜色。

袋鼠花：或称"袋鼠爪花"，细管状的花密布着茸毛，顶端六裂，貌似袋鼠爪而得名。有黄、绿与红等颜色，其中黄色的品种干燥后，几乎不褪色，可以维持好长一段时间的亮黄色彩。

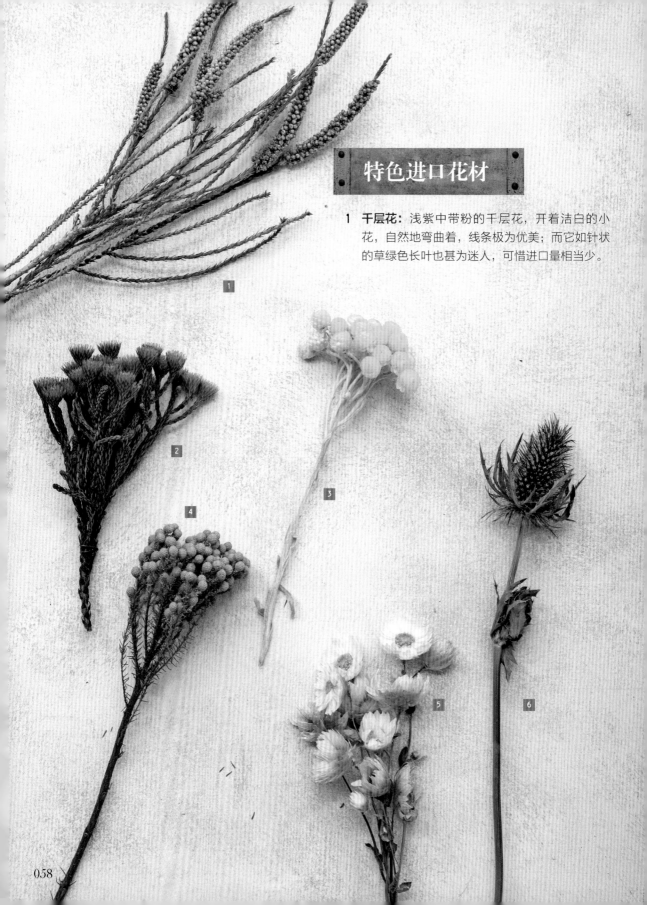

特色进口花材

1 千层花： 浅紫中带粉的千层花，开着洁白的小花，自然地弯曲着，线条极为优美；而它如针状的草绿色长叶也甚为迷人，可惜进口量相当少。

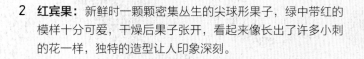

2 **红宾果：** 新鲜时一颗颗密集丛生的尖球形果子，绿中带红的模样十分可爱，干燥后果子张开，看起来像长出了许多小刺的花一样，独特的造型让人印象深刻。

3 **蜡菊：** 直径一厘米左右的小花，颜色鲜黄亮丽，因花瓣具有蜡质，不容易因吸收空气中的湿气而变质或变色，放置数年都不会有太大变化，可以说是天生的干燥花。

4 **小绿果：** 细小可爱的球形果实像一朵朵小花，原色为草绿或浅棕绿色，但市售的很多被染成鲜绿或浓绿，原色的反而少见。干燥后较为脆弱，容易因碰撞而掉落。

5 **鳞托菊：** 花市流通名为罗丹丝菊，花色有白、浅粉与深粉三种，花瓣带有光泽，有如薄纸般的质感，干燥后花色与外形都不会有太大变化。缺点是易碎，使用时要十分小心。

6 **紫蓟：** 冷调的蓝紫色颇为迷人，虽然干燥后会褪至淡紫，但尖球形的针状花形，有着独特的个性美，依旧十分抢眼。

7 **大星芹：** 花市名为白芨，常见的花色有粉白、粉红、淡紫与深紫，真正的花细小不起眼，一般欣赏的花色其实是它的苞片色。淡紫色的大星芹干燥后纹路明显，渲染般的色彩也最为动人。

8 **金红茵芋：** 花市名为四季迷。红色的果实密集成团地长在茎梢上，小巧而细致。干燥后果实转为深沉的暗红色，随着时间的消逝，又会慢慢变成带粉的浅黄。而长椭圆形的叶子叶面浓绿，叶背为浅黄绿色，干燥后依旧是两色并存，但转成更为耐看的橄榄色系。

淡银与浅灰的雪白世界

　　或许是居于亚热带国家的关系，多数人对雪总有一种莫名的向往，特别是在隆冬时节，想一睹美丽雪景的心情越发强烈。虽说想象总是美好的，但真真实实地徜徉在雪中，让从天而降的晶莹雪花悠缓地飘在发梢、落在睫毛，却也真的浪漫得让人难以忘怀。

　　具有银白与淡灰色系的花材，是营造北国冬雪氛围不可或缺的主角；而最经典的就属叶片厚实柔软、披有银白细毛的银叶菊与活脱像棵迷你雪中杉木的鹤顶兰了。其他，还有诸多如棉花、银果、乌桕、旱雪莲等都有着不同的特性。除此之外，披有白粉的空气菠萝与松萝，也有着奇佳的效果！

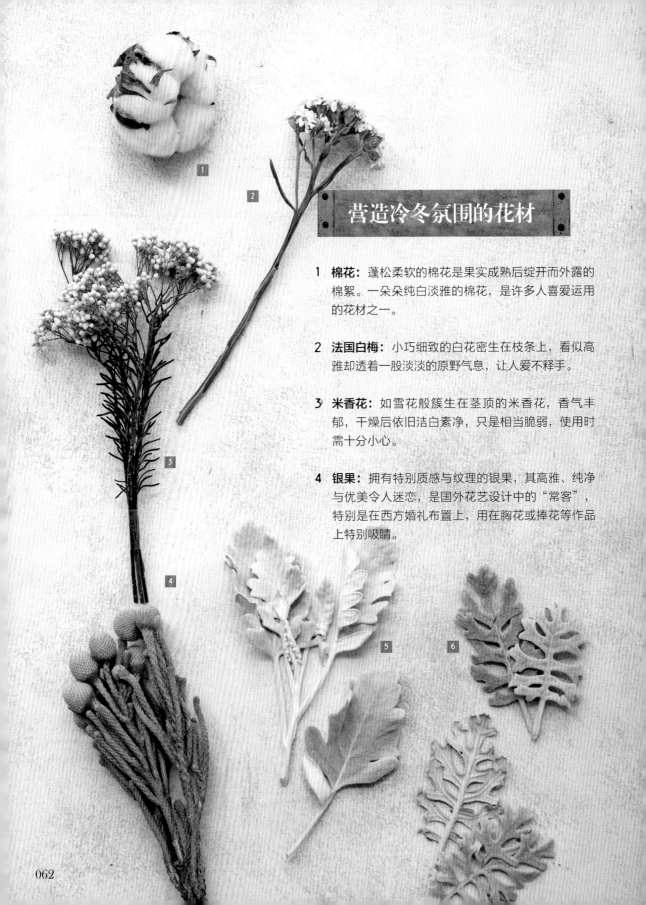

营造冷冬氛围的花材

1 **棉花：**蓬松柔软的棉花是果实成熟后绽开而外露的棉絮。一朵朵纯白淡雅的棉花，是许多人喜爱运用的花材之一。

2 **法国白梅：**小巧细致的白花密生在枝条上，看似高雅却透着一股淡淡的原野气息，让人爱不释手。

3 **米香花：**如雪花般簇生在茎顶的米香花，香气丰郁，干燥后依旧洁白素净，只是相当脆弱，使用时需十分小心。

4 **银果：**拥有特别质感与纹理的银果，其高雅、纯净与优美令人迷恋，是国外花艺设计中的"常客"，特别是在西方婚礼布置上，用在胸花或捧花等作品上特别吸睛。

5　**进口银叶菊：**银叶菊有两种，一般切花市场上贩卖的是进口的银叶菊，银白色泽的叶面，被覆一层茸毛，很适合用于冬季或圣诞布置。

6　**银叶菊：**一般是以盆栽贩卖，为多年生的草本植物。全株密覆白色茸毛，深裂的羽状叶子，状似片片雪花，美极了。

7　**千日红：**具蜡质般的光泽，有白、粉、桃、紫等丰富的花色。白色的千日红清新、典雅，其球状的花形又可为冷调作品加上一点可爱的味道。

8　**鹤顶兰：**全株都裹着白粉般的鹤顶兰，外观像极了迷你版的针叶木。它的叶迷你而细碎，乍看犹如点点雪花，还真让人有种下雪的错觉。

9　**乌桕：**一般花商称之为薏仁。果实饱满洁白，相当可爱，其深色的枝条具有线条美感，简单的瓶插，就是一处美丽的小风景。

10　**旱雪莲：**蜡质的纯白花瓣如星星般细而密地绽放，散发着闪亮的光泽。其茎与叶都被覆着茸毛，全株从茎到花心都是清一色的银白，十分特别。

11　**山防风：**可爱的花球干燥后呈淡灰与淡紫色，典雅素净，其茎与叶的造型也极具特色，茎干与绿叶背面皆密生细白毛，呈现美丽的银白色。

不可或缺的绿色叶材

叶材虽大多居于配角的地位，但却是不可或缺的重要角色，若用心留意，你会发现叶材的世界其实精彩无比。从黄绿、青绿、浓绿、墨绿到灰绿，深深浅浅的颜色极富层次。其叶形与枝形也千变万化，比起花材也丝毫不逊色。展着细长羽叶的芒萁，或卷或直，拉出了优美的线条；蔓性的常春藤带出了轻柔的律动感；而貌似鹿角的过山龙，若大面积地使用，可增加丰厚的视觉感。除了一般叶材之外，善用青苔与树藤，能为作品注入自然野趣的氛围，表现出更多的新意与创意。

好用的百搭叶材

1. **细叶桦木**：干燥后所呈现的茶绿色比原色更加迷人，长枝形的枝叶是表现线形的极佳叶材。

2. **假叶木**：花材名"桦木叶"，能保持颇长一段时间的浓绿色，接着转为橄榄绿，再慢慢淡化成草绿色，一两年后会变成淡淡的米黄色，每一个阶段的颜色转变都很美，是少数干燥后还能保有一点柔软度的叶材。

3. **过山龙**：过山龙的侧枝形状好似麋鹿的角，因而在花市被称作"鹿角草"。新鲜时清新翠绿，干燥后会由绿慢慢转黄，用来铺底或当作填充花材皆很适合。

4. **紫萁**：或称"绿全卷"，幼嫩的小羽叶呈卷旋状，叶干直挺挺的，有着强烈的装饰线条。干燥后会变全黑，视觉效果更强烈。

5 **斑叶兰**：呈长椭圆状披针形的斑叶兰，油绿的叶面上有着一道道黄白相间的线条，每一片都是独一无二的，用于花艺设计中可丰富作品的色彩。

6 **芒萁**：野外常见的蕨类植物，通常都是成片地生长，嫩叶干燥后会自然卷曲，线条立体而丰富；成熟的羽叶干燥后形状则维持原样，很适合运用在大型创作中。

7 **尤加利叶**：品种相当多，叶片的形状从阔圆至细长皆有；还有些叶表有一层白粉，呈现美丽的灰绿色。无论哪一种都带有特殊的香气，是极佳的疗愈系干燥叶材。

8 **革叶蕨**：花材名为"高山羊齿"，常在花艺作品中出现，但鲜少有人将它运用在干花饰上。革叶蕨干燥后叶片会缩合，可以指腹从叶脉中间稍微按压外推塑形，同时露出叶面与叶背两种色彩。

9 **常春藤**：三裂或五裂的掌状叶片，干燥后每一片都往不同方向微卷着，各有各的姿态。品种相当多，以斑叶品种的常春藤干燥效果最佳。

充满节庆氛围的叶材

1 **五叶松：** 五叶松的松枝形体优美，常被用作插花叶材，尤其是年节花艺设计中总少不了它。因干燥后碰撞容易掉落，最好趁新鲜时就开始进行制作。

2 **羊毛松：** 灰绿色泽的羊毛松，有着舒服的大地色调，针状的细叶干燥后依旧保有部分的柔软度，是颇受喜爱的干燥叶材。

3 **雪松：** 全年皆可见到它的踪影，价格也十分亲民，常用于花艺设计中填充空间的叶材。带有馥郁的松香，能为居家空间带来浓厚的自然森林气息。

4 **黄金侧柏：** 常年青绿的黄金侧柏因嫩叶呈黄绿色，在阳光下耀眼金黄而得名。风干后叶缘会微微翘起，而整株的颜色从金黄、翠绿到浓绿，呈现出比新鲜时更加丰富美丽的渐层色彩。

5　**诺贝松：**绿中带蓝的针叶浑圆饱满，香气比
雪松的味道更清新悠远，是圣诞节庆布置的主
角，仅在每年 11 月底或 12 月初限量进口，
经常供不应求。

秋果冬实

每年秋风吹起，山野林间便骚动起来，从单纯的深深浅浅的绿，

开始多了金黄、亮橘与橙红的色彩，热闹而纷呈。

让我最为期待的则是在这绚丽的色彩下，所隐藏的无限生机。

这个时节走进花市，总让人莫名地兴奋。

月桃果饱满熟红，沉甸甸地弯垂着；

亮着紫色光泽的紫珠，像一串串迷你葡萄惹人垂涎；

而穿着一身土耳其蓝的杜英子，则更是美得不切实际……

在细细欣赏这些色彩缤纷的果实时，

若不小心走得太近，

还会被成熟的商陆给染上一身的紫红呢！

在这令人神清气爽的季节里，

实在有太多太多值得去挖掘的美，教人怎能不爱上呀！

可爱的球状果实

浑圆可爱的唐棉、酸浆果与倒地铃等，
都是有着袋状萼部的果实，
鼓胀的身形如气球般充满了空气，
让人看一眼就爱不释手。
或许是有一颗赤子之心吧！
几乎所有人对这类球状的果实，都有着莫名的喜爱。
简单地成串悬挂，就足以令人赏心悦目，
而球状空心的特色，还可嵌入小灯泡，
为花饰作品增添更多温暖的氛围。

唐棉：全身密布软刺的唐棉，像是气呼呼正鼓着腮帮子的河豚，模样可爱极了。因为看起来好似长满了钉子，所以又被称为"钉头果"。成熟的唐棉果实会裂开，露出里面带有细长绢白茸毛的种子，那轻轻柔柔的蓬松感着实迷人。不过，只要稍微碰触，就会随风飞散，所以想要维持它的姿态，就只能远观啰！

倒地铃： 以手指轻压就会消气的倒地铃，看似柔弱其实却强悍无比，呈卷须状的细藤蔓借由攀附缠绕在其他植物上，大片地占据荒野。在果熟时节，一颗颗清新翠绿的果实染上了红，垂悬而下，像极了随风摇曳的小灯笼。取一长段细藤蔓简单地缠成圈，就是很棒的自然风居家挂饰。

酸浆果： 花材名为大宫灯。于盛夏时开始成熟，会由青绿渐渐转为橙红，熟成时呈现火红，令人见之有秋收的喜悦，又有节庆的热闹氛围，是特殊节日布置时不可或缺的花材之一。绿色的酸浆果干燥后会转黄、橙或红色。建议购买时挑选成串里有绿又有红的果实，干燥后在颜色上会更富层次。

黑种草： 黑种草的球形蒴果有着数道红棕色的纵纹，颜色十分突出。但特别的还不止如此，犹如气球般鼓胀的圆形袋囊顶端，长了五根细长长的触角，而它的全身也密布如细丝般的线状叶子。虽然黑种草样貌独特，但却是很好搭配与运用的花材哟！

各种造型果实

1　**银合欢：** 嫩荚干燥后会呈现卷曲状，运用这天然的曲线可设计出独特的作品；而成熟的果荚裂开后，内荚的浅棕色与外部的深褐色，这一深一浅组成了相当美丽的色彩。

2　**苍耳：** 花材名为"羊带来"，椭圆形的瘦果长满了钩刺，造型十分特殊。虽然乍看好像有点不太平易近人，但要呈现延伸的线条感时，其效果极佳。

3　**野牡丹：** 大部分的果实为深褐色，而野牡丹的蒴果则为少见的浅棕色。全株都密生细毛，不仅是圆肚状的果实可爱，连它的叶子都极具特色。

4　**山桐子：** 新鲜时为艳红色，常被误认为山归来；干燥之后会略显干缩，颜色转为深沉的酒红色，呈现低调的法式优雅，有着耐人寻味的美感。

5　**莲蓬：** 在干燥花材中，黑褐色的莲蓬经常被当作焦点花材，其茎干非完全呈现笔直，每枝都有不同的角度与方向，线条极为优美。

6　**松果：** 松果的品种很多，常见的有湿地松、羽麟松，还有尺寸较为迷你的落羽松，可放置多年，是经常被运用的干燥果材。

7　**商陆：** 或绿或紫的扁球形浆果，着生在花轴上，一串串地向下弯垂，为干燥花材中少有的自然曲线；而未结果的幼嫩花轴也是很好运用的花材，可别扔掉哟！

8　**橡实：** 壳斗科的果实，带着各式各样的可爱"帽子"，模样相当可爱。但因为其为象鼻幼虫的食物，捡拾时最好先仔细检查，以避免将虫卵带回家。

9　**杜英子：** 成熟的杜英子蓝中带绿，美得不切实际，让人一见难忘。风干后虽然会干缩且色彩变深，但蓝黑的色泽别有一种迷人的味道。

10　**柠檬桉：** 造型特殊，像爪子一般的果实是柠檬桉未成熟的蒴果，从每年夏末开始，便可见到它的踪影。

11　**石斑木：** 成熟时会由青绿变红，再慢慢转成紫黑，在颜色、尺寸、形状上都和小蓝莓极其相似，十分可爱且讨喜。

12　**紫珠：** 为杜虹花的果实，花材名为紫仁丹。新鲜时的亮紫色散发着美丽的光泽，惹人垂涎；干燥后则会慢慢转为带紫的暗红色。

1　**小玉米：**观赏用的玉米尺寸较迷你，颜色多变，红的、紫的、黄的成串挂在一块，呈现出极富秋天意趣的缤纷色彩。

2　**山归来：**冬季开始果实由绿转红，干燥后绯红的果实会维持好一段时间。圣诞节、春节的布置中几乎都少不了它，它是呈现节庆气氛极具代表性的果实素材。

3　**苦楝子：**因成熟时呈现美丽的金黄色泽而有"金铃子"之称。果实过青会干缩，过熟则容易腐烂，在九分熟还未全熟时进行干燥，效果最佳。

4　**月桃：**常见的野地植物，未成熟
　　的青绿色果实干燥后会变成橘
　　色，果荚不会裂开；而成熟的橘
　　红色果实干燥后果荚会裂开，露
　　出里面的种子，呈现两种不同的效
　　果。

5　**虎杖：**层层相叠的粉红与桃红色，绚烂而缤纷。这
　　密集成簇，被人们误认为花的果实，会随着风干时
　　间的增长，而慢慢转成淡橘色，更有秋天的味道。

6　**蔓梅拟：**蔓性的枝条上，一颗颗绿色的球形果实裂
　　开，露出了橙黄的果荚内皮与橙红色的种子，这鲜
　　艳的绿、黄、橘，组成了极为美丽的色彩，是十分
　　受欢迎的秋季果材。

线状果实

1 & 2　狗尾草： 花材名为"猫尾草"，因毛茸茸的像可爱的狗尾巴而得名。它有着一般花材所没有的灵动轻巧，能营造跳跃生动的飞扬线条。狗尾草品种相当多，图2中的品种姿态与叶形皆较为细长，在山野间、河边草地常见其踪影，能为作品带来清新自然的韵味。

3　兔尾草： 有原色、漂白与染色处理，不同颜色有不同效果。白色的看起来清新可爱，同时又带有浪漫与梦幻感，是相当好运用的花材。

4　麦穗： 能够展现出秋天丰收欢愉的氛围，是最具代表性的花材。市售有染成白、绿、黄、棕等各种颜色的，但以原色最为自然好看，也最受欢迎。

5 **高粱：** 新鲜时的高粱秆子是草绿色的，花
穗呈散开状；干燥后花穗缩合，整株
从头到尾变成美丽的金黄色，充满乡
野间朴实自然的味道。

6 **日本芒草：** 白色的细毛轻柔
飘逸，除了能展现萧瑟寂静
的秋野气息之外，也能呈现出寒
冬雪降时银白冷冽的氛围。

7 **散状高粱：** 花材名为"散高粱"。此种
高粱的花穗疏松而细长，垂挂着一颗颗饱满
的颖果，呈现自然的开散状。干燥后有着和
稻穗一样美丽的金黄色泽。

8 **五节芒：** 初秋开始，五节芒便纷纷抽出花穗，
由紫红慢慢转成灰白，在太阳照射下熠熠生
光，是秋冬原野景致的代表，亦
是制作大型室内布置时很好运
用的花材。

9 **小米：** 圆锥形的花序，结穗饱满
而弯垂着。干燥后由绿转黄，沉甸
甸的身形呈现出秋天收成丰足的愉悦
感。

Chapter 3
手作实例

马醉木清新小花环

　　玲珑小巧的马醉木，一串串倒垂枝梢簇集绽放，模样清新可人。这一颗颗小铃铛干燥后，由洁白转成鹅黄，绿叶也慢慢呈现耐看的橄榄色。用马醉木的花与叶排成小圈，再加入几朵白色罗丹丝菊与兔尾草，让这可爱又素雅的小花环，从春初一直陪伴我们至冬末。

〔 资材 〕

马醉木	适量
罗丹丝菊	8~10 朵
兔尾草	12 枝
干燥松萝	少许
葡萄藤圈（直径约 12 厘米）	1 个

1
葡萄藤圈黏上少许的松萝。将马醉木的叶子一片片摘下，采用逆时针或顺时针的方向，依序将叶子斜插满整个藤圈。

2
将马醉木的花串一枝枝取下，修剪合适的长度后间隔插入藤圈并固定。

3
依照相同的方式，在适当的位置插入兔尾草与罗丹丝菊后即完成。

森林气息小花环

　　青苔爬上了藤，蔓出一片绿意。深蓝色的杜英子在绿中探出头，草黄色的狗尾草也调皮地摇起尾巴，而小小的山防风、轻巧的米香花为这片森林带来更多的生气，轻风一吹，狗尾草的长叶飘呀飘的，飘出了森林的气息。

[资材]	杜英（果实与叶）	适量	狗尾草（叶）	8~10 片
	米香花	适量	苔草	适量
	山防风（小棵）	约 10 枝	藤圈（直径约 15 厘米）	1 个
	狗尾草（穗状果实）	4~5 枝	细藤枝	1 条

1

藤圈先铺上微量的苔草，再将细藤枝随性地缠至藤圈上做自然装饰。

2

将杜英叶子一片片摘下，杜英子取小段分枝备用。设定藤圈的某一处为中心点，将叶子由中心往两侧斜插固定，黏着的间距由密渐疏，再将杜英子穿插在适当位置。

3

依序加入山防风与狗尾草。狗尾草若过长，可剪成 2~3 段使用，但修剪时不要平切，而是要将剪刀斜插入穗梗中，剪口才会自然好看。

4

在想要增加亮色的地方黏上米香花，最后加上狗尾草的长叶做装饰，营造出风吹草动的感觉。

野趣风果实小框饰

当秋色染上枝头，便是提着小藤篮散步的好时机。像小小流星锤的枫香、松鼠宝宝爱啃食的橡实、橘红饱满的月桃果等，漫步欣赏，一路捡拾。以这些带回来的大自然的礼物，制作一个充满纪念价值的小框饰吧！

【 资 材 】　各类果实（橡实、枫香与月桃等）　适量
　　　　　　新鲜细藤枝　　　1~2 枝
　　　　　　苔草　　　　　　适量
　　　　　　相框　　　　　　1 个
　　　　　　松鼠小摆饰　　　1~3 个

1

将相框的底板与玻璃拆除，相框的正面、外侧
与内侧黏上一层薄苔草。

2

取 1~2 枝藤枝，截取卷曲段使用，
顺着相框缠绕固定，做出自然流动
的线条效果。热熔胶不可过少，以
避免藤枝干燥后干缩松动；亦不要
过多，以免外露影响美观。

3

先固定体积较大的果实，同时构思并预留好松
鼠小摆饰的位置。

4

依自己想要的配置，依序加入各种小果实，要
适当地留空让苔草外露，以营造更多的野趣
感。最后，将松鼠固定上即完成。

母亲节花礼

五月是个充满感恩的月份，在这围绕着浓浓温馨氛围的节日里，运用象征母爱的康乃馨，制作一个美丽又简单的爱心花礼，献上对母亲最诚挚的祝福。

〔资 材〕				
康乃馨（粉带紫）	4 朵		石斑木	适量
康乃馨（红带白）	6~7 朵		斑叶兰（大叶）	2 片
洋桔梗（白色）	3~4 朵		松萝	适量
蕾丝花	3~5 枝		心形吸水海绵（宽 13.5 厘米）	1 个
兔尾草	10 枝		装饰结	1 个
米香花	适量			

1

康乃馨与桔梗花头穿入铁丝增加长度（做法参考 P116），兔尾草以花艺胶带扎成一小束，其他花材则视需要，以铁丝增加硬度。所有花材皆剪成适当长度备用。

2

在心形海绵的侧边围上一圈斑叶兰作装饰，以弯成 U 形的铁丝倒插入海绵固定。因干燥后的叶材容易断裂，建议使用新鲜的斑叶兰来制作。

3

在海绵的内侧周围铺上一圈松萝，一样以弯成 U 形的铁丝倒插入海绵固定。

4

将兔尾草插入海绵偏左上的位置，康乃馨集中在海绵 2/3 的右侧处。运用两款大小、颜色不同的康乃馨，搭配出深浅层次。

5

海绵左上位置再依空间大小插入洋桔梗，桔梗周围则以蕾丝花填满。

6

康乃馨的周围以石斑木、米香花填补空隙，插上装饰结后即完成。

浪漫粉桔梗花盒

在特殊日子想要送礼物给情人或挚友时，一件自己花心思制作的小礼物，胜过其他以金钱购买的昂贵礼品。以美丽又浪漫的粉桔梗为主角，用亮黄的金槌花与点点洁白的蕾丝花装点，这样制成的花盒赠送给友人，相信一定能让对方留下深刻的印象。

[资 材]

粉桔梗	5 朵	商陆	适量
金槌花	5~6 枝	苔草	适量
蕾丝花	适量	圆盒（直径约 12 厘米）	1 个
兔尾草	10~12 枝	圆形吸水海绵（直径约 12 厘米）	1 个
芒萁	适量		

1

桔梗花头穿入铁丝增加长度
（做法参考 P116），兔尾草、
金槌花与蕾丝花视需要，可以
铁丝增加硬度，所有花材皆剪
成适当长度备用。

2

圆盒里塞入海绵，海绵高度大约
高出盒口 2 厘米。在海绵周围
铺上一圈苔草，以弯成 U 形的
铁丝倒插入固定。

3

取长约 15 厘米的 20# 铁丝三条
并弯成 L 形，以胶带等距黏在盒
盖底上，再以花艺胶带将铁丝尾
端缠紧固定。

4

将盒盖斜插入海绵，一侧留出
约 4.5 厘米，另一侧留出约 1
厘米的高度。

5

先插入桔梗决定好位置后，加入
金槌花增加色彩。

6

以芒萁、蕾丝花与兔尾草填补空
隙，最后再插入商陆增加动态感
与线条感。

尤加利花束挂饰

喜欢空气中时时飘浮着尤加利叶的香气，那是一种令人放松的天然气味。于是，总喜欢编上一个摆着，既满足嗅觉的贪婪，亦是视觉的享受。简单手绑花束，一点灰绿，一点淡银，再加上点点的雪白，让人迷恋着那纯净而清冽的气息。

〔资材〕	尤加利叶	2~3 小把	小松果	5 颗
	斑叶兰（小叶）	7~8 片	狗尾草	12~15 枝
	乌桕	1 小把	麻线	适量

1

将小松果干刷上白漆做出下雪的效果，再绑上铁丝增加长度（做法参考 P116）。

2

尤加利叶抓成束，穿插小松果后以铁丝绑好，尾端的余叶要全部去除。

3

狗尾草也抓成小束以花艺胶带固定，将尤加利叶、狗尾草与乌桕整理成一大束后绑好。

4

在花束的底部与侧边加入斑叶兰作装饰，最后绑上麻线即完成。

古典法式绣球壁饰

冬未至，山归来尚未转红，野黄的果实正合心意。将藤蔓随性地缠绕，让黄绿色果实攀上藤枝，摘几个蓝色绣球，配一点紫中带红的紫珠，再摆上几只复古风纸蝴蝶，古典法式的韵味就这么出来了。

【资材】

古典蓝绣球	半朵	纸蝴蝶	3 个
山归来（黄绿色）	1 枝	新鲜藤枝	3~5 枝
紫珠	适量		

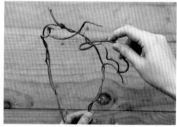

1
将厚纸板的正反两面黏上旧小说书页，干燥后将纸板剪出三个大小不同的蝴蝶形状，在中心轻划上一刀后稍微对折，边缘再以火微烤一下制造出年代感。

2
将藤枝较为粗硬的一端切除，以数枝树藤随性绕出接近"8"字形的形状，以铁丝固定好。

3
山归来的枝茎较粗，故仅取细柔的分枝使用，将分枝剪下，缠绕至藤枝上后再以铁丝局部加强固定。

4
古典蓝绣球分成大小不等的小枝，用热熔胶固定在藤枝上。

5
局部黏上紫珠装饰，增加色彩，将蝴蝶固定在藤枝上即完成。

雪之国度

一直对雪有着莫名的喜爱，尤其是那飘雪的瞬间。每年到了冬季，花市里开始出现银叶菊与鹤顶兰的身影时，总让人回想起那段在加拿大雪季里生活的情景。于是在冷冬时节为自己打造一个雪之国度，满足一下内心的愿望。

[资材]

银叶菊	1 小把	乌桕	适量
鹤顶兰	1~2 枝	山桐子	适量
黑玫瑰	9~10 枝	兔尾草	适量
旱雪莲	5 枝	新钱藤枝	2~3 条
拓图阳光	6 枝	苔枝	适量

1

取 2~3 条中粗藤枝相互缠绕成圈（做法参考 P114），不要缠得过于紧实，要保留它自然的线条动态。

2

此作品设计有较多留白处，可将藤枝本身姿态尽情表现出来，但预计配置花材的藤段则不建议有太大的高低起伏，在后续操作上会比较容易些。

3

先构思好整体弯月形的位置与范围，从尾端两侧开始，将银叶菊与鹤顶兰往中心方向斜插固定。

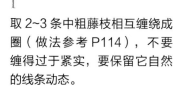

4

叶材之间要避免黏得太过紧密，要预留后续花材固定的空间，整体弯月形完成后，就可以进行下一个阶段的制作。

5

加入黑玫瑰与拓图阳光，距离中心处越远，花材插入的角度越要倾斜。可在弯月形的其他藤段也装饰些高低错落的黑玫瑰或拓图阳光。

6

依序加入旱雪莲、乌桕、兔尾草与山桐子等花材，视需要再补少许的银叶菊或鹤顶兰作修饰。

7

取一段段的细苔枝斜插固定，增加作品整体的线条感与流动感。可将苔枝剥落下来的地衣或苔藓黏在藤圈上，做出苔藤的效果即完成。

诺贝松圣诞花环

那是一种迷恋吧！松枝与松脂的清新气味带来了森林的味道，怎能不爱上呢！在隆冬圣诞铃声响起的季节，扛一把诺贝松回家，一刀刀剪下，一段段扎绑，双手沾满了它特有的香气，制作成了圣诞花环，迎接这热闹的欢乐节日。

[资材]

诺贝松	1~2 大枝		乌桕	1 小把
芒萁	适量		山归来	1~2 枝
大松果	1 个		山防风	约 15 枝
羽麟松	10~12 个		树枝	适量
赤杨子	8~10 个		藤圈（直径 25 厘米）	1 个
棉花	2 朵		矮圆树段	1 个

1

将松果、羽麟松与赤杨子干刷一层白漆制作出下雪的效果，剪一段小树枝，将大松果与圆树段结合，做成一棵松果树备用。

2

将诺贝松一段一段剪下，取3~4 小段为一单位，以铜线缠绕捆绑，一层一层地覆盖上去，直到整个藤圈填满松叶。

3

加入芒萁与树枝，刻意在左下侧留一两枝较长的树枝做视觉延伸效果。

4

顺着松叶的方向，一左一右地加入羽麟松。

5

将松果树固定至树枝上，若不好固定，可以在底下加短粗枝辅助固定。

6

依序加入乌桕、山归来与山防风，让作品呈现更多的色彩与节日氛围。

7

左下侧的焦点树枝上，黏上棉花与适量的赤杨子，最后在右上角处绑上缎带即完成。

手感干燥花吊灯

因为一张古董灯具照片，爱上那单纯而耐看的线条，便兴起做一盏旧式铁线灯具的念头。但收藏老件需要缘分，在缘分还未来临时，那就以铝线与简单的干燥素材，先为居家空间带来一个有氛围的角落吧！

[资材]

吊灯灯座 1个

2.5 毫米古铜色铝线

- 50 厘米 1 条
- 15 厘米 1 条
- （需依实际灯座尺寸来微调长度）
- 20 厘米 16 条

倒地铃 适量
芒萁 适量
山桐子 1 串
棉花 6 朵

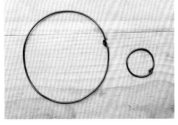

1

分别将 50 厘米与 15 厘米的铝线围成圆形，两端以钳子夹弯成钩状后互相紧扣固定。

2

因不同的灯座大小会稍有不同，小圆完成后的尺寸不可比灯座大太多，亦不可刚好，还须预留其他铝线固定的位置。

3

找一个曲线接近的瓶子，将 16 条铝线压出曲线后，再将两端向内夹弯成钩状。

4

将大、小圈先以 4 条铝线等距接连固定。

5

再依 8 等份、16 等份的概念，一条一条将铝线固定好。

6

将灯罩与灯座结合。基本上开口与灯座是差不多刚好的尺寸，但若卡不住可以轻压一下铝线即可。

7

将倒地铃一条一条地由下往上缠绕在灯具上，因倒地铃干燥后枝茎容易折断，建议使用新鲜或尚未完全干燥的。

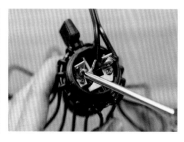

8

将芒萁一片片摘下，再随性地黏至倒地铃的枝茎上。

9

依照相同的方式，将山桐子与棉花也一并固定上去。

10

将灯具接上电线即完成。

笼之秋干燥花吊饰

想更贴近原始，干脆连花器都舍弃不用，取几根藤蔓编成笼，让花儿在里面恣意地开放。印加阳光奋力地绽放，传递更多的热情；黄澄澄的苦楝子成串成串的，引人注意；不甘示弱的商陆也努力伸长了身子，好让世人看到她美丽的姿态；山归来摇曳着枝丫，即便秋天都来了，它还挺着一身绿招摇着！

〔 资 材 〕

莲蓬	1 颗	山归来（绿色带叶）	2 枝
印加阳光	8~10 朵	枫香	2 颗
商陆	适量	绣球	1~2 小枝
黑种草	3 枝	新鲜藤枝	2~3 枝
兔尾草	6 枝	苔草	适量
红花	2 枝	吸水海绵	1 个
苦楝子	1 小把		

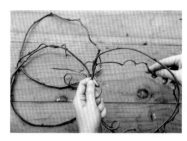

1

制作 3 个大小相似的圈，保留一些它原本的姿态，无须刻意缠成正圆。

2

3 个圆圈以均等的距离相互交叠，上、下交点分别以铁丝牢牢捆绑固定住，为避免松动，可蘸少量的热熔胶加强固定。

3

将海绵牢牢黏在笼底后，铺上一层苔草，以弯成 U 形的铁丝倒插入海绵固定。

4

先决定好莲蓬插入的位置，因莲蓬茎干较粗，海绵会容易松动，插入时要蘸取较多的热熔胶进行固定。

5

先在脑海里构思好黑种草、红花及兔尾草的位置后，再在剩余的大部分面积上高低错落地插上印加阳光。

6

取 1~2 枝山归来拉出线条，做出大致的延伸效果。

7

将兔尾草以花艺胶带扎成小束后插入，再依序加入红花、黑种草、绣球、枫香与苦楝子等花材。

8

以商陆与剩余的山归来填补剩余的空隙即完成。

舞秋高脚烛台花饰

　　大伙在高高的烛台上踮起脚尖，轻抬手臂摇曳身躯，配合着秋天的协奏曲曼妙地舞动着。原本执着地认定，果实里的最佳舞者非银合欢豆荚莫属，但定晴细瞧，每一个都展现着美丽又独特的舞姿，原来各具魅力。这秋之舞伴着火光，越发热烈。

[资 材]	莲蓬	1 个		羊带来	2~3 小枝
	毛笔花	8 小朵		钟萼木果实	2~3 个
	蔓梅拟	少许		新鲜细藤枝	2 条
	月桃	数颗		吸水海绵（2 厘米 ×2.5 厘米）	1 个
	银合欢	约 12 枝		高脚烛台	1 个

1
做一迷你藤圈，尺寸接近烛台面的大小。

2
将藤枝较为粗硬的一端剪除舍弃不用，先试着绕出想要的形状，确定后再以铁丝固定至小圈上。因藤枝干燥后容易干缩松动，可以用胶水加强固定。

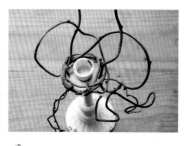

3
大致做出想要的感觉后，再加入小段卷曲的细藤做更多效果。

4
在中心偏右侧处固定一小块海绵，接着多蘸取一点的胶水，将莲蓬牢牢固定住。

5
莲蓬的四周加入银合欢，做出整体的动态效果。再以高低错落的方式，在适当处加入毛笔花。

6
依序加入月桃、钟萼木与蔓梅拟果实，月桃若长度不够，可以加 22# 铁丝增加长度。

7
最后以羊带来拉出线条后即完成。

暖秋烛台桌饰

秋天的果实火红、亮橙与金黄，绝美的同时也流泻着一股暖意。我想，大自然是极为用心的，为接下来的冷冬做着准备，好让人们能点上蜡烛，裹着这些色彩暖过一季……

〔资材〕	粗树枝	1大把	陀螺	6枝
	山归来	2长枝	黑玫瑰	8枝
	虎杖	适量	小玉米	10个
	蔓梅拟	适量	空气菠萝	1株
	酸浆果	8颗	4厘米陶盆	4个

1

将数根粗树枝拼排成宽度约 15 厘米，最长长度约 60 厘米的底座，仔细以热熔胶固定好后，再开始往上堆栈。

2

运用树枝本身的弯曲角度做出渐层高度与自然空隙，慢慢地堆栈出想要的形状。树架完成的高度在 10~12 厘米较佳。

3

将破陶盆干刷一层白漆，取 1~2 片碎陶片黏至陶盆侧边上，调整圆弧的曲度，让蜡烛容易置放。若手边没有现成的破陶盆，可以老虎钳子将陶盆稍微扳开，再慢慢剥下碎陶片。

4

将陶盆分置在树架两侧，务必以热熔胶牢牢黏妥。

5

取一截山归来长枝固定在树枝两侧，先拉出线条，再继续加入更多的山归来。

6

接着加入虎杖。因虎杖的视觉效果较为蓬松，过多的话效果不佳，可将虎杖拆成更小分枝使用。

7

加入适量的酸浆果与小玉米。观赏用的小玉米有多种颜色，在配置时尽量将颜色一并考虑进去。

8

接着加入陀螺、黑玫瑰与蔓梅拟等花材，丰富作品的质感与色彩。

9

将空气菠萝加在想要增加更多视觉效果的位置。若空气菠萝尺寸过大，可将其拆解，以一片或数片的方式分开固定即完成。

Chapter 4
基础技法

花材干燥法

一般干燥法有自然风干，或使用干燥剂、烘干机或微波炉等来加速其干燥。风干是最简单、最自然、最环保的一种花材保存方式，也是我个人较常使用的干燥法。常见的自然干燥法有倒挂法、直插法与平置法，可以依花材的特性来选择合适的风干方式。

倒挂法

最常见的风干方式，也是大部分花材所使用的干燥法。

1. 先将腐烂部分的花瓣与叶挑出，并将多余的枝叶一并去除。

2. 修剪所需长度后，再分成小束扎绑。因花材会随着水分散失而干缩，所以建议以橡皮筋捆绑，可避免干缩时掉落。

3. 悬挂在通风良好的地方自然风干。

直插法

直接插瓶干燥法适合含水量极少，茎秆较为硬挺的花材或带枝的果实，如高粱、小麦与乌桕等，干燥的同时也可作为装饰的一部分。

平置法

　　直接将花材平铺在网格架或浅盘风干。一般来说无茎的花材、叶材都适合采用平置法，如剪下的麦秆菊花头，散步拾回的叶片、球果等。

干燥剂干燥法

　　一般来说含水分较多的花材不适合自然风干，不仅干燥后容易变色，花形也较不理想。此时可以将花埋入干燥剂中，让干燥剂吸收花材的水分，慢慢将其干燥。

STEP 1

将花头剪下，保留0.5~1厘米的花茎。在密封盒中倒入一层干燥剂，再以花朵面朝上的方式插入。

STEP 2

将花瓣间的缝隙一层层地仔细撒上干燥剂。

STEP 3

继续倒入干燥剂，直到花朵全部埋起。密封后建议在盒上标记日期，以帮助记忆。

❀ 干燥剂会使花材变得易碎，取出花朵时要十分小心，先将干燥剂轻轻倒出一部分，再以镊子深入干燥剂中夹住花茎，一边拨除干燥剂，一边慢慢取出。

❀ 采用此方法干燥的花材，大多可将鲜明的色泽保存下来，但缺点是容易受潮变软且褪色，最好在干燥的环境下保存。

❀ 使用花艺专用的极细干燥剂效果最佳，但如果买不到也无妨，一般的干燥剂也能达到干燥的效果。

基本工具 & 常用资材

基本工具

① **热熔胶／枪：** 一种热塑性的树脂黏着剂，加热后可以将花材黏着于底座上。

② **斜口剪／老虎钳：** 剪断粗一点的铁丝时使用。

③ **花剪：** 有凹槽设计的花剪，可同时修剪花材与较细的铁丝，便利又好用。

④ **镊子：** 用来处理细部作业时使用，一般是尖头或圆尖头的镊子较为顺手。

⑤ **长切刀：** 用来切割海绵时使用，一般的厨房用长切刀即可。

⑥ **园艺剪：** 修剪粗硬的木质化枝叶时使用，好施力且切口平整。

常用资材

① **麻绳：** 天然麻绳朴拙的质感与干燥花很接近，很适合用来制作花环挂环或装饰使用。

② **拉菲草：** 一般于装饰时使用，市售有天然拉菲草与纸制仿拉菲草两种，天然拉菲草有细有粗，柔韧不易断裂，很容易辨识。

③ **花艺胶带：** 将花材束在一块，或将铁丝包覆时使用，有多种颜色可供选择。

④ **花艺铜线：** 用来捆绑固定枝茎或保持花的形态使用，有许多尺寸与颜色可供选择。

⑤ **海绵：** 为固定花材的基座，分吸水海绵与干燥海绵两种，吸水海绵较松软，而干燥海绵较硬，可依需求选择使用。

⑥ **铁丝：** 花材加工或固定时使用，由粗至细有各种号数，号数越小代表铁丝越粗，比较常使用的是22#以上的铁丝。

⑦ **藤圈：** 作为花环底座，常见的有葡萄藤或树藤，可依需求自己绕出想要的尺寸。

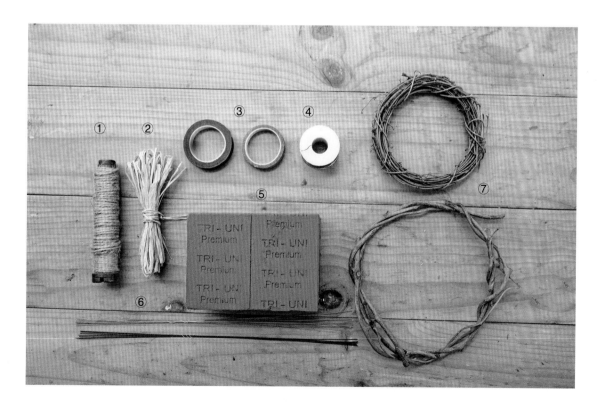

基本技法

制作花环基底

制作干燥花环的基底，一般是树藤或葡萄藤两种材质。在园艺资材行可以买到干燥好且已缠成圆形的葡萄藤，可直接拿来使用。树藤则是要在花市买新鲜的藤枝回来加工，但因干燥后质地会变硬，弯折时容易断裂，所以要趁枝条柔软时就塑形。两者的味道不同，依作品想呈现的感觉而选择利用。但如果一时买不到葡萄藤或树藤，也可用粗铝线或纸藤代替。

STEP 1
先将树藤慢慢弯出弧度，注意不要过度用力以避免断裂，接着将树藤弯成所需的大小后交叉相叠。

STEP 2
将两侧突出的藤枝交叉相缠，尾端塞入藤枝间的缝隙固定住。

STEP 3
取第二条树藤，将一端插入藤枝间的缝隙，另一端沿着第一圈的底座缠绕。

STEP 4
第二圈完成后，继续取更多的树藤重复上述操作，直到达到期望的宽度为止。

花材加工

　　干燥后的花材有部分会因水分的流失，让原本坚实的花茎变得较为纤细柔软，还有些没有茎或茎部较短的花材，如松果、棉花等，都可以利用铁丝增加其长度与硬度，以方便后续运用。以下是几种常用的花材加工方式。

细茎或软茎花材

STEP 1

取一条22#或24#铁丝，与花茎齐放在一起。

STEP 2

将花艺胶带斜放枝茎顶端，由上而下以螺旋方式将整个铁丝与花茎包覆住，切记缠绕前要将胶带拉开才会有黏性。

短茎花材

STEP 1

取一条22#铁丝，穿过绣球分枝的花茎中央。

STEP 2

将铁丝向下弯折，并将其中一条铁丝紧紧缠绕花茎与另一条铁丝两三圈后顺直，再以花艺用胶带包覆好。

无茎花材

STEP 1

取一条22#铁丝穿过花托，若花托过于窄小则穿过花托上方。

STEP 2

将铁丝向下弯折，以花艺用胶带包覆好。大多的无茎花材较为脆弱，无须将铁丝扭转缠绕，以免花头断落。

松果

STEP 1

取一条22#铁丝，水平绕过松果尾端。

STEP 2

将铁丝绕过松果约一圈半后，往底部的中央处扭转缠绕至尾端。

干燥花草Q&A

Q₁ 是不是所有花材都可以干燥呢？

并不是每一种花材都适合干燥，一般来说含水量太高的花材就不太适合做干燥花，如百合、蝴蝶兰等；而部分花材如玫瑰、洋桔梗或康乃馨等，可用干燥剂进行干燥。另外，可以做干燥花材的并不只限于花卉，有许多叶材与果实都是很好的干燥材料。

Q₂ 买回来的花可以瓶插欣赏一阵子，等它快凋谢时再干燥吗？

选购新鲜花材来干燥，可让花形、颜色尽可能呈现最美的状态；不新鲜的花材干燥后，有些会产生褐斑，干燥后效果不佳，因此建议花材一购回就进行干燥的操作。

什么环境适合干燥花材？
干燥时有什么要注意的吗？

　　风干环境需要选择明亮且通风良好之处，避免阳光直射、风吹雨淋或过于阴暗潮湿的地方。尽量不要在连续阴雨天干燥花材，如梅雨季或台风天。这时空气湿度过高，花材容易发霉，干燥后的颜色也容易变得暗沉。花材表面的水分太多时，可以先使用风扇将表面水分吹干后再进行干燥，效果会更佳。

Q4　花材到底需要多久才会完全干燥？

　　每种花材所需的风干时间并不相同，环境与气候状况也会有所差异，但基本上2~4周可完全干燥。

Q5 干燥好的花材会不会褪色？可以维持多久呢？

因为是天然花材，所以会随着时间而慢慢变化，而花材种类与存放环境的不同，其使用寿命也不相同。有些可以放置数年，如大部分的果实；有些仅半年就开始崩坏，如山防风、麦秆菊或金盏菊等。如果存放环境条件好，一般来说可以放置1~2年不等。

Q6 如何保存干燥花材与作品呢？

要特别注意空气的流通，避免放在高温多湿的环境，如阳光直射或阴暗潮湿处。在过于潮湿的连续下雨天，最好能开除湿机除湿。另外，干燥花的质地较为脆弱，尽量避免碰触、移动或摇晃，以减少花材掉落与毁损的机会。

Q7 如果干燥花脏了或发霉了，该如何清洁？

如果花材上有灰尘堆积，可轻拍抖落或以小刷子轻轻刷除，亦可使用一般的吹风机，以低温的方式吹掉灰尘。若不幸发现有发霉的现象，可以酒精轻轻擦拭除霉，果实类或不怕褪色的花材，则可在喷完酒精后在大太阳下曝晒杀菌。

图书在版编目（CIP）数据

唯美干燥花 / Kristen 著 . —郑州：中原农民出版社，2015.10（2018.4 重印）

ISBN 978-7-5542-1287-5

Ⅰ.①唯… Ⅱ.①K… Ⅲ.①干燥 – 花卉 – 制作 Ⅳ.① TS938.99

中国版本图书馆 CIP 数据核字（2015）第 211091 号

出版：中原出版传媒集团　中原农民出版社
地址：郑州市经五路 66 号
邮编：450002
电话：0371-65751257
印刷：河南安泰彩印有限公司
成品尺寸：185mm×240mm
印张：8
字数：80 千字
版次：2016 年 6 月第 1 版
印次：2018 年 4 月第 2 次印刷
定价：32.00 元

The Book of Dried Flowers